本书受上海市教育委员会、上海科普教育发展基金会资助出版

生命的历史

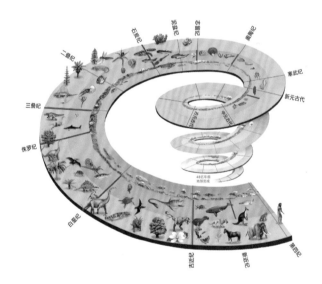

上海教育出版社
SHANGHAI EDUCATIONAL
PUBLISHING HOUSE

图书在版编目(CIP)数据

生命的历史 / 顾洁燕主编. – 上海: 上海
教育出版社, 2016.12
（自然趣玩屋）
ISBN 978–7–5444–7326–2

Ⅰ.①生… Ⅱ.①顾… Ⅲ.①生命科学 – 青少年读物
Ⅳ.①Q1–0

中国版本图书馆CIP数据核字(2016)第287967号

责任编辑　芮东莉
　　　　　黄修远
美术编辑　肖祥德

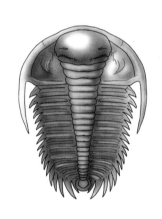

生命的历史

顾洁燕　主编

出　　版　上海世纪出版股份有限公司
　　　　　上 海 教 育 出 版 社
　　　　　易文网 www.ewen.co
地　　址　上海永福路123号
邮　　编　200031
发　　行　上海世纪出版股份有限公司发行中心
印　　刷　苏州美柯乐制版印务有限责任公司
开　　本　787 × 1092　1/16　印张 1
版　　次　2016年12月第1版
印　　次　2016年12月第1次印刷
书　　号　ISBN 978–7–5444–7326–2/G·6035
定　　价　15.00元

目录

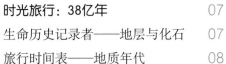

生命是从哪里来的？ 01

从0到∞ 02
谢谢你，蓝藻 02
突如其来的三叶虫 03
奔跑吧！恐龙！ 04
哺乳动物的兴盛 06

时光旅行：38亿年 07
生命历史记录者——地层与化石 07
旅行时间表——地质年代 08

自然探索坊 09
制作生命的历史时间轴 09
走失的明星生物 11
属于我的生命时间轴 12

奇思妙想屋 13

生命的历史

生命是从哪里来的？

你是否问过爸爸妈妈这样一个问题：我是从哪里来的？和你一样，今天生命世界里的每一个个体都是由上一代繁衍而来的，从一个小小的细胞生长为一个"大人"。如果你已经知道答案了，那么请思考下一个问题：最初的生命是从哪里来的？科学家通过化石发现，地球上最早的生命形式出现在38亿多年前。3,800,000,000年，这便是生命的历史。想知道这漫长岁月中发生了什么吗？那就带着好奇心，继续往下看吧！

生命的历史

从0到∞

数学家用"∞"这个符号表示无穷大，它同样可用在不停进化、改变着的生命世界。那么在这从0到∞的生命历史当中，有过哪些今天依然耀眼的"明星"？

谢谢你，蓝藻

● 地球诞生之初，早期生命是很微小的，我们要认识的第一个明星就隐藏于它们当中——蓝藻，一类单细胞原核生物。奇妙的是，在38亿年之后，我们依然能够闻到它们的"味道"。

● 或许你没想到，小小的蓝藻却是改变原始大气的"先锋"。在空气成分与今天完全不同的原始地球上生活时，蓝藻会产生一些自己不需要的气体——氧气。无数蓝藻的一呼一吸，使得空气中慢慢充满了氧气。正是它们改善了我们星球当时"糟糕"的环境。此后生命的进化，也是基于这种氧气环境。或许今天的我们，要对这些蓝藻说一声：谢谢！

▲ 蓝藻

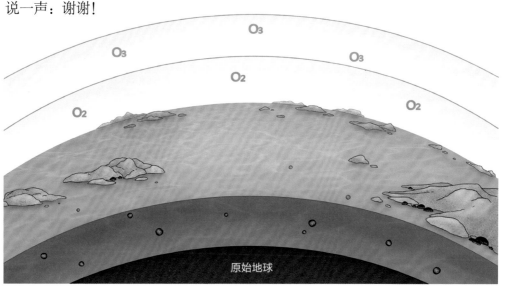

O_3　　O_3　　O_3

O_2

O_2　　O_2

原始地球

"突如其来"的三叶虫

▲ 三叶虫海洋

● 在生命缓慢进化的进程中，38亿年前的原核生物蓝藻经过多长时间进化为比较复杂的生物体呢？先看看下一个明星生物吧！

● 当前的化石证据显示：在距今约5.42亿年前开始的一个被称为寒武纪的地质时期，远古海洋中涌现出各种各样的无脊椎动物，它们不约而同地出现了。其中最具代表性的，是一类被称为"三叶虫"的海洋节肢动物。从5.3亿年前的前寒武纪到2.5亿年前的二叠纪末，三叶虫在地球上生存了2.8亿多年。那是多长的一段时间呢？这又是怎么样的一群生物呢？

● 在动物分类学上，三叶虫属于无脊椎动物门三叶虫纲。它们生活在远古的海洋中，主要出现在寒武纪，到寒武纪晚期时发展到顶点。三叶虫在整个古生代近3亿年的漫长地质时期生生不息，繁衍出了众多的类群和巨大的数量，目前发现的总计有1500多个属，1万多个种，其中发现于我国的大约有500个属。

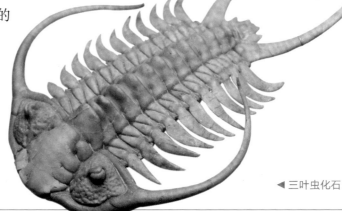

◀三叶虫化石

生命的历史

奔跑吧！恐龙！

● 生命世界中从来不乏体型巨大者。从最小只有几毫米的三叶虫（5.3亿年前）演化成最大30～40米长的大型爬行类动物（1亿年前），这当中的时间又是多少呢？答案是大约4.3亿年。4.3亿年的时间里，生命不仅仅是由小变大，身体结构也由简单到复杂：出现了复杂而实用的脊椎。海陆变迁中，一些苔藓植物和远古无脊椎动物乃至鱼形脊椎动物由海洋扩散到了陆地，这就是生命登陆。

苔藓是最早登录的生命之一

▲ 早期植物登陆

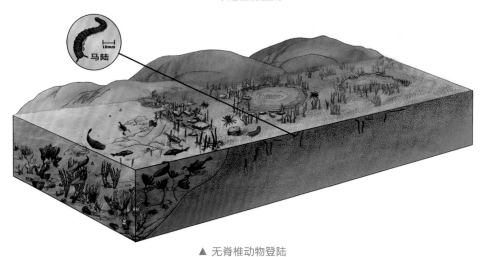

马陆

▲ 无脊椎动物登陆

● 与海洋相比，陆地恶劣的生存环境使得它们进化出一系列的适应特征：有爪、生蛋、体表耐干旱等。在逐渐适应陆地生活后，爬行动物中的一类繁盛起来，这就是下一个出场的明星——恐龙。

● 恐龙出现于中生代的三叠纪晚期，经过不断地适应发展、演化，一些恐龙的身体甚至像今天的蓝鲸一样大！阿根廷龙是曾经漫步在大地上的最大型的动物之一，身高12米，身长42米，可能重达94吨。如果这么一只庞然大物在你面前奔跑起来，恐怕你会有地震的感觉吧！

▲ 阿根廷龙

算一算

如果有一架巨大的天平，一端站着一只阿根廷龙，需要多少个你站在另一端才能使天平保持平衡？

生命的历史

哺乳动物的兴盛

● 有毛、热血、胎生、哺乳等，这些特征组合在一起，就是生命演化接力跑中，接下恐龙这一棒的选手——哺乳动物。想一想你去过的水族馆、动物园里，下面哪些是符合哺乳类动物特征的？

▲ 袋鼠　　　　　　　▲ 海豚　　　　　　　▲ 陆龟

我觉得图中_____是哺乳动物，我想起动物园里的_____也是哺乳动物。

● 中生代的哺乳动物早就与恐龙"一路同行"了，经历了1.6亿多年的风风雨雨，一场生物大灭绝后，它们当中的一些小型类群躲过了这一劫。这些当时长得像老鼠一样的哺乳类动物，慢慢地在生命的历史舞台上揭开了属于它们的时代序幕——新生代，这时的时间是6550万年前。

中国古新世场景复原

时光旅行：38亿年

生命历史记录者——地层与化石

● 我们要一起去做时光旅行，准备好了吗？在穿越之前，不妨先看看这些明星生物的样子！"什么？它们不是都已经灭绝了吗？"是的，作为生命个体的它们早已死亡，不过我们脚下的地层与化石还留存有它们的痕迹。依靠这些线索，我们得以穿越时空，了解亿万年前地球上的生命。

● 地层是指地质历史中形成的层状岩石，是一层一层地沉积而成的。地层一层层地重叠，像书页一样，保存着地球上生命世界的历史记录，化石就像这巨大历史书页中的文字。

▲ 地层

▲ 兽类牙齿化石

● 化石是保存在地层中的古生物遗体或遗迹，如动物的骨骼、硬壳、足迹，等等。

▲ 化石形成的过程

旅行时间表——地质年代

● 旅行前我们要制定计划，时光旅行也不例外。这次的旅行长达38亿年，很多生命都在这38亿年的历史中出现、繁盛、灭绝。为了旅行的方便，不如制定一个时间表，来方便地记录一下生命进化大事件。

● 地质年代——用来描述地球历史事件的时间单位，通常在地质学和考古学中使用。地质年代从古至今依次为：冥古宙（46亿年前～40亿年前）、太古宙（40亿年前～25亿年前）、元古宙（25亿年前～5.42亿年前）、显生宙（5.42亿年前～现在）。显生宙又分为：古生代（5.42亿年前～2.51亿年前）、中生代（2.51亿年前～6500万年前）、新生代（6500万年前～现在）。古生代又分为：寒武纪、奥陶纪、志留纪、泥盆纪、石炭纪、二叠纪。中生代又分为：三叠纪、侏罗纪、白垩纪。新生代又分为：古近纪、新近纪、第四纪。参照下面的生物进化与地质年代图，设计一下自己的旅行计划吧！

我的时光旅行：终点站_____代_____纪，因为_____。

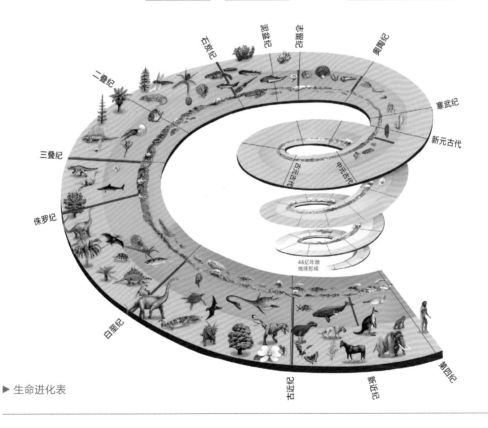

▶ 生命进化表

生命的历史

自然探索坊

挑战指数： ★ ★ ★ ★ ☆
探索主题： 地质时代与生物进化
你要具备： 时间概念、计算能力
新技能获得： 类比推理能力、对生命历史的认知能力

制作生命的历史时间轴

● 请拿出你文具盒里的直尺，如果1厘米的刻度代表1小时的话，你的尺子能表示多长时间？

● 如果要表示地球46亿年的历史的话，这根尺子又该有多长？

材料： □ 盘尺 □ 剪刀 □ 夹子 □ 时间点卡片 □ 地质年代卡片 □ 彩带

● 参照地图上的比例尺，用盘尺上的长度代表时间，比如1厘米代表1000万年的话，你就可以用460厘米表示整个地球的漫长历史了。参照下页图表制作"时间点卡片"和"地质年代卡片"，将它们夹在计算好的位置上，一起制作完成地球的生命历史时间轴吧！

生命的历史

时间点卡片

2	**4**	**6**	**8**
10	**12**	**14**	**16**
18	**20**	**22**	**24**
26	**28**	**30**	**32**
34	**36**	**38**	**40**
42	**44**	**46**	**46亿年前 地球诞生**

地质年代卡片

冥古宙
（46亿年前～40亿年前）

太古宙
（40亿年前～25亿年前）

元古宙
（25亿年前～5.42亿年前）

古生代
（5.42亿年前～2.51亿年前）

中生代
（2.51亿年前～6500万年前）

新生代
（6500万年前～现在）

生 命 的 历 史

走失的明星生物

● 有一群生物在时光旅行中走失了，你能帮助它们找回自己生活的地质年代吗？将物种的信息以及你换算的结果填在下表中吧！

物种名称	卡片上的时间	对应盘尺上的刻度

● 根据自己计算出来的下列生物卡片的刻度值，用夹子将它们夹在盘尺的正确位置上。

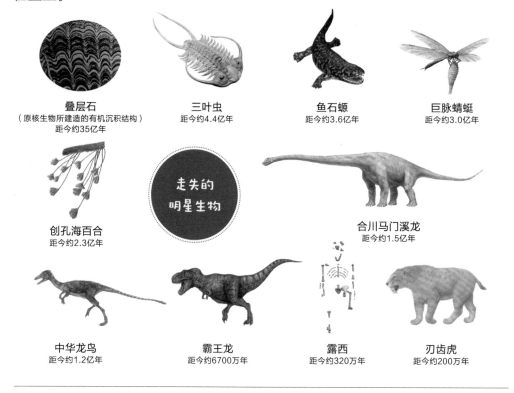

叠层石
（原核生物所建造的有机沉积结构）
距今约35亿年

三叶虫
距今约4.4亿年

鱼石螈
距今约3.6亿年

巨脉蜻蜓
距今约3.0亿年

创孔海百合
距今约2.3亿年

走失的
明星生物

合川马门溪龙
距今约1.5亿年

中华龙鸟
距今约1.2亿年

霸王龙
距今约6700万年

露西
距今约320万年

刃齿虎
距今约200万年